AF596051

ÉTUDE

sur les causes du déboisement en Algérie

et les moyens d'y remédier.

ÉTUDE

SUR LES CAUSES DU DÉBOISEMENT
EN ALGÉRIE

et les Moyens d'y remédier

par

M. A. CHITIER

Inspecteur des Forêts

MILIANA

Imprimerie A. LEGENDRE, Éditeur

1882

Quel est l'Algérien qui, en parcourant le pays que nous avons conquis, n'a pu se rendre compte de la diminution de nos richesses forestières depuis l'occupation ?

C'est là malheureusement une vérité que les Forestiers eux-mêmes sont forcés de reconnaître.

Aussi s'explique-t-on pourquoi un homme aussi pratique qu'intelligent, monsieur le Docteur Trolard, dans sa Ligue du Reboisement, en soulevant la question, a trouvé de si nombreux partisans.

L'idée de la Ligue a fait le tour de l'Algérie et a valu à son innovateur autant d'admirateurs que de prosélytes ; c'était justice.

Elle m'a suggéré l'Étude ci-après.

Ayant envisagé la situation au point de vue général, et non pour une région déterminée de l'Algérie, je n'ai pas cru devoir m'arrêter aux considérations indiquées dans les cinq derniers paragraphes du programme, considérations qui découlent du déboisement, et qui ont donné naissance à l'idée généreuse de la création de la Ligue.

Bien que le programme exposé soit parfaitement conçu, suivi d'indications pratiques précisant les principales causes du déboisement, on ne peut se dissimuler la difficulté de la tâche à remplir en face du problême si complexe à résoudre :

Conservation, Régénération des Forêts de l'Algérie.

1re PARTIE

Causes du Déboisement

1° CONQUÊTE

Depuis l'époque la plus reculée, on constate que l'Algérie a été le théâtre d'une série d'invasions, à la suite desquelles les Autochthones ont dû, pour se défendre, se jeter dans les montagnes; que là, sans moyens d'existence, ils ont, dès les premiers jours, déboisé pour vivre.

Le déboisement de l'Algérie n'a fait que s'accroitre avec la conquête.

Il est incontestable, en effet, qu'il y a aujourd'hui moins de forêts qu'à l'époque où l'Armée française débarquait à Sidi-Ferruch.

La guerre, la présence de troupes nombreuses sur tous les points du territoire, l'installation de camps, de blockaus, de retranchements, la construction de routes stratégiques au travers de magnifiques boisements, la création de postes militaires, de villes fortifiées, ont exigé une consommation énorme de bois.

Les exploitations multiples dans le but de satisfaire à des besoins urgents et indispensables, faites en dehors de toutes les règles de l'art, ont été le point de départ de la situation actuelle.

Qui donc oserait accuser l'Armée d'avoir sacrifié les principes de la sylviculture aux nécessités de la conquête? Peut-on lui faire un reproche d'avoir mis à contribution, pour le campement de ses soldats, les massifs qu'elle traversait, d'avoir édifié des redoutes, construit des bordjs, des caravansérails marquant les étapes de la grande ligne qu'elle ouvrait à travers le Tell, sur les hauts plateaux, dans le Sahara même ?

A cette date, on voit disparaître les

magnifiques boisements de pistachiers qui couvraient le sol entre Boghar et Laghouat, les splendides Dayas disséminées dans le M'zab.

C'est à peine si, aujourd'hui, quelques bouquets isolés témoignent encore de la végétation d'autrefois.

Continuellement en guerre entre elles, les tribus se tenaient sur la défensive, prêtes à changer de campement ou à combattre, à la moindre alerte.

En plantant son drapeau en Algérie, la France a mis un terme à ces luttes quotidiennes, et rendu l'arabe plus stable sous le couvert de la protection acquise aux tribus qui acceptaient notre domination.

L'arabe plus sédentaire a toujours, il est vrai, le libre parcours des forêts, et, bien que le Coran ne l'en ait jamais reconnu propriétaire, il en use sans les détruire, trouvant toujours et au delà, dans ses troupeaux, de quoi subvenir à ses besoins.

Mais les colons arrivent à la suite de l'armée ; ils demandent des terres.

C'est alors qu'on dépossède l'arabe en restreignant le périmètre dans lequel il se mouvait depuis des siècles.

N'apportant rien de la Métropole, les nouveaux venus ont besoin de tout.

En attendant qu'ils se soient construit des maisons, il faut les abriter. La forêt est mise à contribution : on taille, on coupe, on exploite à blanc étoc, sans se préoccuper de l'économie forestière, des règles de la ***Possibilité***.

Pouvait-il en être autrement alors que le Génie, sans le vouloir sans doute, avait déjà donné l'exemple en effectuant, pour la construction des bâtiments militaires, des coupes abusives, comme celle du Rond-Point des Cèdres, dans la forêt de Téniet-el-Haad. — pour ne citer qu'un exemple. —

2° EXTENSION

DE LA COLONISATION.

Refoulement des Indigènes. — Transactions.

Le mal est fait sans le concours des Forestiers.

Il empire chaque jour, grâce à la marche progressive de la colonisation; grâce aussi au refoulement des Indigènes qui, de pasteurs à l'origine, se transforment forcément en agriculteurs.

Cette idée a besoin de développements, car on ne s'explique pas tout d'abord comment la colonisation a pu contribuer à la destruction des forêts.

La colonisation, qui est sortie naturellement de cette première phase de l'histoire algérienne, a, pour ouvrir des routes, jeter des ponts, construire des chemins de fer, des lig[illegible] télegraphiques, des barrages, des villages, des villes, des ports etc., continué sur une plus grande échelle le déboisement commencé.

Quelle quantité de bois n'a-t-il pas fallu, ne faudra-t-il pas encore exploiter, pour achever l'œuvre entreprise, bien qu'on en ait déjà débité de toutes les catégories, de toutes les essences, de toutes les dimensions, depuis l'arbre de deux mètres de diamètre jusqu'au simple manche de pioche! Et, l'on ne fait pas entrer en ligne de compte toutes les industries qu'apporte avec elle la civilisation : telles que les exploitations de liège, de résine, de goudron, d'écorces à tan, le commerce des cannes; l'ébénisterie enfin qui utilise le noyer, le pistachier, le cèdre, l'olivier, et plus particulièrement, pour le placage, les loupes de thuya.

D'où est sorti tout ce matériel? Jusqu'à ce jour des forêts algériennes, à l'exception des gros bois de construction, qu'à défaut de routes carrossables ou de chemins d'exploitation, on fait encore venir d'Europe.

Dans le travail énorme qui s'est fait en Algérie depuis cinquante ans, travail dans lequel le bois est entré pour une si large part, on a constamment mis à contribution les forêts.

S'est-on jamais préoccupé de leur ***Possibilité?***

Refoulement. — Si le déboisement n'avait porté que sur les périmètres de colonisation, il n'y aurait que demi mal ; mais en s'emparant des terres primitivement détenues par les indigènes, le Gouvernement les a obligés, en les condensant, à diminuer le nombre de leurs troupeaux, par suite à défricher, pour se créer une compensation dans l'extension de leurs cultures.

La France, bien qu'elle ne les ait pas complètement refoulés, n'a, il faut bien le reconnaître, colonisé que les plaines.

Dès lors les Indigènes ont dû chercher des pâturages pour leurs troupeaux ; ils se sont réfugiés dans les montagnes où l'Administration trop paternelle du Commandement, à dater du jour où l'Empire inventa le fameux ***Royaume arabe***, les a laissé détruire, en partie, ce que l'incendie avait épargné.

Avant nous, en effet, la principale richesse de l'Arabe consistait en troupeaux. — Cultivant juste le morceau de terre qui lui donnait le blé nécessaire à la préparation de son couscous, l'orge destinée à remplir la musette de son cheval de de guerre, qu'avait-il besoin, pour vivre, de dévaster les forêts, quand elles lui étaient toutes ouvertes au parcours, quand il lui suffisait de bois mort, à son défaut de fiente désséchée pour se chauffer et cuire ses aliments.

Vers 1840 on compte, il est vrai, quelques rares forestiers en Algérie, mais c'est à peine si l'on daigne prendre leur attache quand il s'agit de coupes de bois.

Est-il donc étonnant que les Indigènes, se retranchant derrière leur qualité d'usagers, alors surtout qu'ils ont trouvé des protecteurs naturels dans les Officiers des Affaires Arabes, puissent, sans courir le moindre risque, continuer l'œuvre de destruction ?

Transactions. — La question politique, en primant la question forestière, va maintenant activer le déboisement.

Si l'on se reporte en effet à ce qui se passe, à la même époque, en territoire de commandement, on comprend que les Indigènes aient tout intérêt à se faire délinquants, en raison de la faculté qui leur est laissée, en matière forestière, de transiger avant comme après jugement.

Pour eux les transactions se traduisent par des chiffres dérisoires ; car, sans parler de l'indulgence qu'ils trouvent souvent devant les tribunaux, grâce à la protection que leur accorde presque toujours l'autorité, quand elle ne les absout pas, l'amende à payer est bien inférieure au dommage causé.

Loin de servir d'exemple, la répression est non-seulement un bill d'impunité mais une prime d'encouragement.

Et que de délits commis, pour un de constaté !

3° APPLICATION

DU SÉNATUS-CONSULTE

Enclaves. — Délivrances en bois. — Droits de parcours. — Migrations

Au lieu de les réprimer, le Gouvernement de l'Empire, au mépris de la loi du 16 juin 1851, les sanctionne.

L'application du Sénatus-Consulte du 22 avril 1863 n'a été, en réalité, qu'une exagération sentimentale de l'engagement pris par nous, en 1830, de respecter les propriétés des indigènes; car, les bois qui leur ont été abandonnés à titre melk (propriété particulière), avaient toujours été compris, même au temps des Turcs, dans le domaine Beylik (Domaine de l'État).

La dévastation marche alors à grands pas; tous les boisements laissés aux Indigènes disparaissent comme par enchantement, malgré les procès-verbaux dressés contre eux pour défrichements.

Enclaves. — C'est en s'inspirant du même sentiment qu'on leur a attribué en toute propriété, au vu de titres fictifs et fabriqués pour la circonstance, les nombreuses enclaves disséminées sur la surface des bois domaniaux qui, dans certaines régions, en font aujourd'hui comme un immense échiquier.

Délivrances en bois. — Sur la production d'états toujours exagérés, jamais contrôlés, les délivrances usagères qui leur sont faites à la même époque, tant pour la construction de leurs gourbis, que pour la réparation de leurs charrues, ne sont-elles pas aussi une des causes permanentes de l'appauvrissement des massifs boisés ?

Droits de parcours, Migrations.— Ajoutons les droits de parcours, les migrations annuelles des Arabes du Sud qui, chaque été, envahissent le Tell avec leurs troupeaux : moutons, chèvres, chameaux.— Sous prétexte qu'ils ne peuvent plus vivre chez eux, et sans même tenir compte des protestations des riverains, propriétaires ou usagers, l'autorité supérieure met l'administration Forestière en demeure d'ouvrir au parcours, à ces nomades, toutes les forêts *défensables* ou non.

Considérant cette faveur comme un droit, ils se transforment bien vite en délinquants, quand ils ne sont pas incendiaires.

4° ABROGATION

DE L'ARRÊTÉ DU 2 AVRIL 1833.

Coupes abusives en propriétés particulières. — Défrichements. — Commerce de cannes.

Jusqu'à ce moment la dévastation ne s'est portée que sur les forêts domaniales.

L'arrêté du 2 avril 1833, seule arme que possédât encore l'administration forestière, est rapporté en 1871, par M. Alexis Lambert, Commissaire extraordinaire de la République à Alger.

Coupes abusives en propriétés particulières— Le Service forestier, qui avait pu s'opposer à toutes les coupes de bois, en propriétés particulières, n'a plus de frein pour les arrêter.

Défrichements.— La loi sur les défrichements elle-même devient un leurre, à ce point que pour remédier à ces désastres, Monsieur le Procureur général, sur les instances et les réclamations de l'Administration Forestière, adresse à tous les chefs de Parquet, une circulaire les invitant à sévir avec la plus grande rigueur, sans se baser sur les réglements de la métropole, contre tout particulier effectuant une coupe abusive de bois, qui aurait le caractère d'un défrichement, sans que l'opération finale, le dessouchement, ait eu lieu.

Commerce de cannes.— L'abrogation de l'arrêté de 1833 a été aussi le point de départ de l'industrie des cannes, industrie si désastreuse, qu'on a vu, tour à tour, s'élever contre elle, sans qu'ils aient pu, ni l'arrêter ni même la réglementer, Gouvernement général, Conseil supérieur, Conseils généraux, Chambres de commerce.

5° DÉFAUT DE DÉLIMITATION

Le défaut de délimitation crée à l'Administration les mêmes embarras que l'abrogation de l'arrêté de **1833**, puisque l'incertitude de la propriété forestière, connue des Arabes, est habilement exploitée par eux pour les délits de pâturage, d'agrandissement d'enclaves, de coupes de bois d'essences diverses, alimentant les industries signalées plus haut.

6e ARRÊTÉ DU 27 SEPTEMBRE 1875

Distraction du régime Forestier des forêts situées en territoire militaire

Une des plus récentes causes du déboisement (mais la plus sûre comme la plus expéditive), a été l'arrêté pris en 1875, dans le but de soustraire à l'action du Service Forestier, sous prétexte de son insuffisance numérique, tous les boisements situés en territoire militaire, pour les placer sous la surveillance et la garde de ceux-là mêmes qui les avaient saccagés jusqu'alors, les Indigènes.

On a laissé, il est vrai, une fois par an, le Service forestier y marteler les bois de délivrances.

Pouvait-il endosser la responsabilité des délits, quand il n'avait plus le droit de répression ?

Aussi, en dehors de cette période, ces boisements qui n'embrassent pas moins de **700,000** hectares, ont-ils été livrés à la merçi de leurs dévastateurs naturels.

L'Inspection des Finances a pu constater dans les cercles d'Aumale, Bouçaâda, Téniet-el-Had, etc., que les Caïds eux-mêmes n'avaient aucun scrupule à faire, sur les marchés, commerce de perches et de bois de charrues.

7e INCENDIES.

La température de l'Algérie qui, pendant plusieurs mois de l'année s'élève souvent jusqu'à 50 degrés, et qui amène la dessiccation complète des herbes, du diss et des brousailles qui encombrent les forêts ; — les funestes méthodes culturales des indigènes qui ne connaissent d'autre moyen que le feu pour amender leurs terres et renouveler leur pâturages ; — l'imprévoyance de l'arabe, son fatalisme même qui lui font négliger toute mesure de précaution, quand il se livre à ces travaux ; le fanatisme enfin qui se manifeste avec une plus grande intensité, à la suite des jeûnes et des prédications, lorsque le Ramdam a lieu à cette époque, sont autant de causes qui peuvent expliquer les incendies. — Et, sans nous arrêter aux accidents causés par la foudre, par la locomotive, ne devons nous pas mentionner ceux que peuvent occasionner dans l'exercice d'un métier ou la simple satisfaction d'un plaisir :

Le charbonnier, qui ne prend souci ni de l'emplacement de sa *faulde*, ni de la conduite de sa *meule*.

Le chasseur d'abeilles, qui, pour se

procurer l'essaim ou le miel, enfume un tronc d'arbre, sans se préoccuper des conséquences du feu.

Le braconnier, qui ne voit que le gibier et non l'endroit où tombe sa bourre encore enflammée, papier, filasse ou chiffon ;

Le fumeur enfin, tout aussi imprévoyant qui jette en passant, et sans l'éteindre, allumette, cigare ou cigarette.

Nous ne citerons que pour mémoire le cul de bouteille que certains arabophiles, en osant même s'appuyer sur les lois de l'optique, ont assimilé à une lentille, pour expliquer la combustion spontanée que l'on doit toujours attribuer à la malveillance.

En présence de ces désastres qui désolent annuellement l'Algérie, de l'impuissance de l'Administration à les prévenir comme à les conjurer, n'est-il pas permis de douter de l'efficacité de la loi du 16 juillet 1874 ?

Ne faut-il pas reconnaître que si les moyens de répression existent, — principalement la responsabilité collective des tribus (qui n'a été appliquée jusqu'à ce jour, ni assez radicalement, ni assez rapidement) — il n'en est pas de même des moyens préventifs, qui font presque complétement défaut.

Il n'est question, en effet, dans l'art. 4 de la loi susvisée et dans le réglement d'administration publique, en date du 6 juillet 1881, que de postes-vigie à établir dans les massifs boisés.

Bien que ce service ait paru excellent jusqu'à ce jour, on peut affirmer qu'en raison des difficultés de surveillance et de contrôle, comme du manque de direction, il a été absolument insuffisant. Il y a donc lieu de le compléter par un ensemble de mesures ayant pour but de mettre un terme à l'anarchie actuelle, en créant des responsabilités qui n'existent nulle part aujourd'hui.

8e INSUFFISANCE DU PERSONNEL

Excès de centralisation.

Abstraction faite des *Dayas* que l'on rencontre dans le sud des trois provinces, sans parler des massifs de liège dont l'Empire a cru devoir gratifier les anciens concessionnaires, en retranchant aussi ce que le Sénatus-Consulte a affecté, à titre Melk, aux Indigènes, l'État possède encore plus de quinze cents mille hectares de forêts en Algérie.

Le personnel chargé de les surveiller et de les administrer, se compose actuellement de :

1 Conservateur ;
10 Inspecteurs ;
20 Sous-Inspecteurs ;
7 Gardes Généraux ;
310 Gardes Généraux adjoints et Préposés;
100 Gardes Indigènes.

Pour une moins grande étendue, et avec un fonctionnement plus facile, on compte en France :

6 Inspecteurs généraux ;
33 Conservateurs;
161 Inspecteurs :
242 Sous-Inspecteurs ;
397 Gardes Generaux ;
3532 Gardes généraux adjoints et Préposés. (1)

(1) Ces chiffres sont à vérifier.

La comparaison des deux tableaux ne suffit-elle pas à démontrer l'impossibilité matérielle où se trouve le Service forestier en Algérie, de suffire, malgré tous ses efforts, à la tâche écrasante qui lui incombe.

Excès de centralisation. — En instituant à Alger, en 1873, une Conservation unique pour les trois départements, on n'a nullement remédié aux vices radicaux qu'avait signalés M. Tassy.[1] Car chaque Inspecteur dans sa circonscription, en raison de l'éloignement du pouvoir centralisateur, n'a plus reçu de ce pouvoir qu'une influence inefficace sans contrôle suffisant. Des questions importantes qui nécessitaient une solution rapide sont souvent restées en souffrance pour n'avoir pas été instruites en temps et lieu.

---

(1) Administrateur des Forêts envoyé en 1872 par le Gouvernement pour étudier la question forestière en Algérie.

9° SUBORDINATION DU SERVICE FORESTIER AUX EXIGENCES POLITIQUES

Non seulement le Service forestier, en raison de son insuffisance numérique qui explique le défaut de surveillance et de contrôle signalé plus haut, n'a pu arrêter la destruction des forêts de l'Algérie, mais souvent même il a été forcé d'y contribuer pour satisfaire à des exigences politiques, en ouvrant au parcours des cantons non ***défensables***, en exploitant, au détriment de la consistance du peuplement, sur l'invitation qui lui en était faite par l'autorité supérieure, un matériel dépassant de beaucoup le chiffre de la *Possibilité*.

Telles sont les circonstances multiples qui ont amené le déboisement du pays.

Nous en résumons ci-après les causes :

1° **Conquête.**

2° **Extension de la Colonisation.** — *Refoulement des Indigènes, Transactions.*

3° **Application du Sénatus-Consulte.** — *Enclaves, Délivrances, Droits de parcours, Migrations.*

4° **Abrogation de l'arrêté de 1833.** — *Coupes abusives en propriétés particulières, Défrichements, Commerce de cannes.*

5° **Défaut de délimitation.**

6° **Arrêté de 1875.** — *Distraction du Régime Forestier des forêts situées en territoire militaire.*

7° **Incendies**

8° **Insuffisance de personnel.** — *Excès de centralisation.*

9° **Subordination du service forestier aux exigences politiques.**

IIe PARTIE

IIe PARTIE

Moyens de remédier au Déboisement

1° CONQUÊTE

La France se doit à elle-même, au grand rôle qu'elle joue dans la marche de la civilisation, de s'implanter à jamais dans l'Afrique du Nord

Puisse la terre conquise et pour toujours pacifiée rendre largement à la Mère-Patrie le sang et les millions qu'elle lui a coûtés.

Puisse celle-ci, dans l'avenir, profiter de l'expérience si chèrement acquise !

2° EXTENSION

DE LA COLONISATION, &ª

Nous n'avons pas à apprécier ici les raisons complexes auxquelles a obéi l'Administration , auxquelles elle paraît obéir encore, en jetant les centres de colonisation presque toujours dans le fond des vallées, mais nous devons déplorer cet exclusivisme qui a, jusqu'à présent, empêché l'installation sur les crêtes et dans des emplacements choisis au triple point de vue stratégique, agricole et forestier, de villages qui seraient aujourd'hui les gardiens naturels et intéressés de nos massifs boisés.

Tous nos vœux donc pour la création immédiate de ces villages et leur peuplement par une race vigoureuse et forte, véritable sauve-garde des forêts de l'avenir. — Là seulement est le salut.

En attendant, la Colonisation, qui a ant absorbé sans produire, doit contribuer immédiatement à l'œuvre de réparation. Il faut que l'Administration supérieure, impuissante en l'état à constituer, comme en France, les dotations communales, édicte d'urgence les mesures à prendre pour atténuer le mal et le faire radicalement disparaître. Elle le doit ; elle le peut :

1° En instituant un service spécial de reboisement, de gazonnement et de repeuplement analogue à celui de France, service auquel pourraient participer les pénitenciers militaires et les condamnés civils, — qui devrait être surtout secondé dans sa tâche, en s'inspirant des idées colonisatrices du Maréchal Bugeaud, par l'Armée elle-même, dont les éléments se retremperaient au double point de vue physique et moral, loin des garnisons et des villes, dans un milieu où le travail serait encore pour eux une distraction, leur ferait oublier jusqu'aux fatigues des expéditions.

2° En introduisant dans la législation, qui régit actuellement les concessions territoriales, une clause relative à l'obligation, pour tout colon nouvellement installé, de réserver sur son lot, au moment de la prise de possession, une partie en nature de bois, qu'il devra respecter si elle existe, créer si elle n'existe pas.

3° En inscrivant au budget de la colonisation, un chapitre spécial intitulé — *Abris aux Colons*— qui permettrait de leur procurer les objets de campement indispensables à leur première installation, dans le cas où les forêts voisines du centre à créer ne pourraient fournir les bois nécessaires à la construction d'abris provisoires. Car, il faut bien le reconnaître, les délivrances gratuites, effectuées au profit des nouveaux débarqués, ne constituent pas un droit d'usage, mais bien un véritable impôt frappé sur le domaine forestier.

4° En constituant dans chaque village un lot affecté à l'établissement d'une pépinière d'essences forestières, entretenue aux frais de la Commune et sous la surveillance du service forestier, qui délivrerait gratuitement aux colons les sujets susceptibles d'être transplantés.

5° En accordant des primes pour toute superficie complantée de bois d'essences forestières, dans tout terrain concédé ou non.

Le colon de la première heure comme l'indigène, trouvant à proximité le bois dont il a besoin, ne cherche pas à produire. S'il ne lui était pas permis de détruire, il songerait à augmenter le domaine où il puise. Encouragé par des primes, peut-être même entraîné par l'exemple, il demanderait bien vîte aux diverses essences forestières la transformation des terrains dénudés et l'assainissement de son pays d'adoption ; aulnes, eucalyptus, saules, tamarins, etc., viendraient rapidement changer l'aspect général, prêter au sol, en l'animant de verdure, la physionomie des paysages regrettés de la Mère-Patrie, remédier enfin à cette monotonie du milieu dans lequel il lui faut vivre et qui rend tant de centres inhabitables pour les nouveaux immigrants.

L'extension de la Colonisation dans la région montagneuse nous amène à rechercher quelle situation nouvelle va être faite aux Indigènes qui y ont été refoulés.

3° SÉNATUS-CONSULTE, &a

Le Sénatus-Consulte les a déclarés propriétaires ; on ne peut donc songer à les déposséder ; car, même en ne tenant nul compte des sentiments de justice et d'humanité qui nous ont toujours guidés vis-à-vis du peuple vaincu, il serait d'une mauvaise politique d'apporter une perturbation générale dans son organisation, et de soulever par là des difficultés, des conflits, peut-être même des insurrections.

Pour remédier au mal que les Indigènes ont fait jusqu'à ce jour, les empêcher de continuer leurs dévastations, il faut, dès maintenant, dans les tribus Sénatus-Consultées, déclarer communales toutes les forêts qu'elles détiennent, les placer sous l'administration et la surveillance du service forestier, enfin racheter toutes les enclaves qui leur ont été attribuées.

L'aménagement de ces bois deviendra même, pour les communes mixtes, une ressource précieuse, leur caisse devant s'augmenter du produit des coupes qui seront assises.

Si d'ailleurs, et à l'exclusion de la loi du **16** juin **1851**, l'on doit reprendre et achever les opérations du Sénatus-Consulte, il faudra surtout s'inspirer des idées qui précèdent, pour la reconnaissance et la constitution définitive du domaine forestier.

Enclaves. — L'enclave produit en forêt l'effet de la tache d'huile ; autant d'enclaves, autant de points d'attaque.

Il faut, comme nous l'avons dit, les racheter au moyen de compensations territoriales. Cette mesure, toute de conservation, nous paraît d'ailleurs parfaitement légale.

En effet, il y a similitude absolue entre les origines des enclaves en forêt et des défrichements opérés par les Indigènes en territoire Arch (communal de tribu).

Or l'article **3** de la loi du **26** juillet **1873**, qui règle la constitution de la propriété individuelle, est ainsi conçu :

« Dans les territoires où la propriété collective « aura été constatée au profit d'une tribu ou « fraction de tribu, par l'application du Sénatus-« Consulte du 22 avril 1863, la propriété indivi-« duelle sera constituée par l'attribution d'un ou « plusieurs lots de terre aux ayants-droit et par « la délivrance de titres, etc.

« La propriété du sol ne sera attribuée aux « membres de la tribu que dans la *mesure* des « surfaces dont chaque ayant-droit a la jouissance « effective ; le surplus appartiendra soit au douar, « comme bien communal, soit à l'État, comme « biens vacants ou en déshérence, par application « de l'article 4 de la loi du 16 juin 1851. »

N'est-il pas évident que le législateur a voulu condamner le système des enclaves, puisqu'il prescrit d'attribuer à chaque ayant-droit, non pas les surfaces effectivement jouies par lui, mais bien des surfaces dans la *mesure* de celles-ci ? N'est-il pas dès lors légal, rationnel, de rechercher ces dernières sur les périmètres des biens domaniaux ou communaux à constituer ?

Droits d'usage. — En ce qui concerne les droits d'usage, l'administration devra les racheter en bloc par la concession de terres de culture affectées à la tribu, à titre de bien communal, dont le revenu serait exclusivement destiné à l'acquisition des bois qui font, chaque année, l'objet des délivrances gratuites.

Si le problème n'était pas entièrement résolu, on devrait, pour ne pas mettre les forêts à contribution, quand la *Possibilité* ne s'y prête pas, rechercher, par une loi de finance, les moyens d'affecter une partie de la vente des produits exploités en forêt domaniale, au paiement en argent, chaque année, de ces droits d'usage.

Du jour où l'arabe ne pourrait plus se procurer du bois en forêt, il se résignerait, comme le Kabyle, à construire en pierre son gourbi.

Où serait le mal ?

Les Indigènes, fixés au sol, seraient plus faciles à surveiller ; la question politique même y gagnerait.

En attendant que les différentes solutions que nous venons de proposer puissent recevoir leur application, il faudrait, dès aujourd'hui, réglementer les droits d'usage en bois, en organisant avec le concours des Administrateurs et Adjoints des Communes mixtes, Maires et Gardes-champêtres des Communes de plein exercice, Agents et Préposés forestiers, un service ayant pour mission de s'assurer ***de visu*** du nombre de perches, de bois de charrues, nécessaires à chaque Douar ou fraction constituée. Ces reconnaissances seraient faites à des époques déterminées, constatées par procès-verbaux réguliers et approuvées par le service forestier. Même, après toutes ces formalités, les délivrances ne seront rendues exécutoires que dans les forêts où la *possibilité* s'y prêtera.

Si l'exercice du droit de parcours était maintenu, et en attendant qu'on pût le racheter, il devra toujours être subordonné à l'état de *défensabilité* de la forêt.

Migrations. — La réglementation du parcours dans les boisements affectés aux Indigènes, comme aussi dans les forêts domaniales et communales, en permettant de déterminer, chaque année et dans chaque région, les ressources disponibles, tranchera les difficultés inhérentes aux migrations des nomades. Les tribus, propriétaires ou usagères, mises à contribution, seraient autorisées à percevoir, d'après un tarif fixé, pour chaque tête de bétail, par l'autorité compétente, une somme déterminée; et ce qui est aujourd'hui pour l'Administration une source d'embarras et de conflits, pour les Indigènes entre eux un sujet de rixes, une occasion de vols, une cause d'assassinats, deviendrait le gage d'une sécurité plus grande, basée sur des services réciproques et de mutuels bénéfices.

4° ABROGATION

DE L'ARRÊTÉ DU 2 AVRIL 1833.

L'arrêté de 1833, abrogé en 1871 par M. Lambert, avait pour but d'empêcher toute coupe de bois, même en propriétés particulières, sans autorisation préalable.

En le rétablissant, on arrêterait :

1° Toutes les coupes abusives, même celles pratiquées par les Arabes dans leurs propriétés ;

2° Les défrichements opérés par le feu, surtout ceux qui alimentent les charbonnières;

3° Le commerce des cannes ;

4° La vente des bois de délit, du liège et des écorces à tan, dont la constatation d'origine est si difficile à établir;

Le service forestier, en réglementant

toutes ces exploitations, ne les autoriserait qu'à la suite d'une reconnaissance préalable et sur la délivrance d'un permis dont le titulaire serait tenu de justifier à toute réquisition.

5° DÉFAUT DE DÉLIMITATION

Inutile d'insister sur l'opportunité et la nécessité, à bref délai, de procéder à la délimitation des forêts, puisqu'elle amènera avec elle la distraction des enclaves, le rachat des droits d'usage de toute nature, opérations connexes qu'on ne saurait séparer.

Après l'expérience faite, le peu de résultats obtenus jusqu'à ce jour, il y a lieu de décentraliser le Service des Travaux d'art, en plaçant dans chaque circonscription forestière, des brigades sous la direction et le contrôle des Inspecteurs avec la coopération des Chefs de cantonnement.

Dans ces conditions, ce travail si important pourrait être mené plus vite et plus facilement.

6° ARRÊTÉ DE 1875

Bien que, par suite de la création d'un plus grand nombre du communes mixtes, beaucoup de forêts, situées antérieurement en territoire militaire, échappent maintenant aux coupes abusives auxquelles les avait livrées l'arrêté de **1875**, il en reste encore un grand nombre sous la responsabilité du Commandement.

Ce sont les plus compromises.

Il faut, dès aujourd'hui, rapporter cet arrêté et supprimer toute distinction entre territoire civil et territoire militaire, pour replacer l'ensemble des forêts de l'Algérie, avec leur titre primitif, sous le Régime Forestier.

7° INCENDIES

Comme nous l'avons dit plus haut, l'arme la plus terrible à opposer aux incendies qui se reproduisent périodiquement, est la responsabilité collective, loi d'exception qui prend son excuse dans le but à atteindre : la sécurité et la conservation de la richesse publique.

Il faut désormais savoir l'appliquer.

La répression doit être impitoyable. L'incendiaire condamné à la peine des travaux forcés à perpétuité (Art. 434 du Code pénal), ses biens séquestrés.

S'il échappait à la vindicte publique, par suite de connivences avec la tribu, on devra appliquer le séquestre à la tribu toute entière et la transplanter aux confins du Sahara.

Dans tous les cas, la rendre, par une loi d'exception, responsable du dommage causé.

Postes-Vigie. — Il ne suffit pas de sévir, il faut savoir prévenir.

Aussi pensons-nous qu'on devrait apporter dans le service des Postes-vigie, pour en régulariser le fonctionnement, en assurer le contrôle ainsi que la surveillance, les modifications ci-après :

1° Faire dresser pour chaque commune de plein exercice, mixte ou indigène, au moyen des plans dont dispose le Service topographique, une carte indiquant le périmètre des terrains boisés à surveiller, en y faisant figurer tous les emplacements des Postes-vigie avec les chemins qui y conduisent.

2° Partager le territoire à surveiller en un certain nombre de quartiers, et rendre chacun d'eux responsable de tout incendie qui s'y produirait ;

3° Organiser des patrouilles ayant pour mission de battre continuellement les massifs boisés dans les parties comprises entre les Postes-vigie ;

4° Choisir le personnel de ces patrouilles ainsi que les gardiens des postes, qui sont aujourd'hui commandés à tour de rôle, parmi les hommes de bonne volonté des tribus ou douars, et les maintenir dans leurs fonctions pendant toute la période des incendies ;

5° Créer dans chaque commune de plein exercice, mixte ou indigène, une caisse dite : de surveillance des incendies, —

permettant d'allouer une solde journalière (restant à déterminer) au personnel des postes-vigie et des patrouilles, de récompenser aussi par des primes les chefs de quartier les plus vigilants ;

6° Créer dans chaque quartier, et sous la responsabilité de son chef, un dépôt d'outils qui permettront de combattre l'incendie, en attendant l'arrivée des secours.

7° Organiser, à l'aide de fanions de couleurs diverses (chacune d'elles affectée à un quartier), un système de signaux pouvant indiquer exactement l'endroit où le feu s'est déclaré.

N'est-ce pas, d'ailleurs, par un procédé analogue et en agitant leurs burnous que les Indigènes correspondent entre eux ?

N'est-ce pas aussi là le point de départ de la télégraphie aérienne ?

Pourquoi ne délivrerait-on pas enfin, alors que l'intérêt public est en jeu, un exemplaire de ces cartes à tous les agents que leurs fonctions appellent dans l'intérieur du pays, en leur reconnaissant le droit de contrôler, dans leurs tournées, le service des Postes-vigie, en leur imposant aussi le devoir d'adresser à l'autorité compétente le résultat de ce contrôle ?

Cette coopération s'expliquerait par l'impossibilité matérielle, dans laquelle se trouve aujourd'hui le service forestier, de surveiller effectivement de si vastes espaces.

8° INSUFFISANCE DE PERSONNEL

L'insuffisance numérique du Personnel ayant été constatée, mais son augmentation étant intimement liée aux nécessités budgétaires, on ne peut, quant à présent, sans connaître les crédits alloués, formuler un projet d'organisation.

La conservation des forêts dépendant presque exclusivement de la surveillance qu'on y exerce, il faut un plus grand nombre de préposés, en subordonnant toutefois l'élargissement des cadres, malgré les exigences du service, à la création de nouvelles maisons forestières ; il est indispensable, en effet, que chaque garde soit, autant que possible, placé au centre même de son triage.

Gardes Indigènes. — Pourquoi, d'ailleurs, ne pas installer immédiatement, en imposant cette charge aux tribus, un Service de gardiens Indigènes, qui, sous le contrôle des gardes Français, surveilleraient les forêts que détient encore le Commandement ainsi que les bois affectés, en toute propriété, aux arabes par le Sénatus-Consulte ?

Ces gardiens, sous le nom de Gardes communaux, seraient choisis de préférence dans les familles les plus influentes de la contrée et formeraient une pépinière pour le recrutement des Gardes Indigènes.

Excès de centralisation. — L'Administration supérieure va remédier à l'excès de centralisation, en revenant à l'ancienne organisation qui comportait un Conservateur par province.

On ne peut qu'applaudir à cette mesure.

Où était la raison d'exception pour les

Forêts, alors que chaque Administration possède un Chef de Service par département ?

9° SUBORDINATION

DU SERVICE FORESTIER

AUX EXIGENCES POLITIQUES

Après avoir paralysé dans son initiative et ses moyens d'action le Service Forestier, peut-on lui faire supporter la responsabilité de la situation actuelle ?

Il faut aujourd'hui ne lui plus dénier la caractéristique de sa fonction et lui reconnaître son véritable qualificatif :

Conservateur.

Il faut désormais admettre que le Grand Maître des Forêts en Algérie — rendons lui pour la circonstance son ancien titre — puisse à toutes les demandes de délivrances qui lui seraient faites à l'avenir, auxquelles il devait autrefois passivement satisfaire, répondre à l'autorité supérieure, en assumant la responsabilité de ses actes, en se retranchant surtout derrière la question de Possibilité :

Non possumus .

A une forte centralisation administrative, il faut toujours, il est vrai, comme régulateur, une haute autorité. Mais quand le but à atteindre est si grand , quand l'intérêt français est en jeu, on nous pardonnera de déroger à ce principe et d'attribuer temporairement au Chef des Forêts en Algérie, une plus grande indépendance.

Car il faut, à tout prix, que le Service forestier, pour accomplir sa tâche, soit dégagé de l'état de subordination qui le paralyse aujourd'hui.

A cette seule condition, il pourra gérer le Domaine qui lui est confié, avec ce double objectif :

Conservation — Régénération.

Une Administration forestière servie par un personnel bien choisi, défendant avec compétence, en y apportant tous les tempéraments qu'il convient, les principes de son origine même, doit inévitablement conserver ce qui a été épargné, améliorer à courte échéance, ce qui est compromis.

La tâche lui sera d'autant moins difficile, qu'elle n'aura plus à ménager certaines situations sociales ou politiques.

Avons nous besoin d'ajouter que par son autonomie le Service Forestier algérien, aura résolu le problême si délicat de la ***Responsabilité.***

Du jour où elle sera effective, on n'aura plus à craindre les abus de pouvoir inhérents à un excès de centralisation.

On ne peut se dissimuler les difficultés que vont soulever, dans leur application, les idées que nous avons émises.

Mais il faut, quand la mesure s'impose, quand l'avenir de l'Algérie en dépend — Savoir isoler la politique proprement dite de la colonisation, et soustraire à son action, dans l'intérêt même du pays, les éléments essentiels de sa prospérité.

En rattachant l'Administration des Forêts au Ministère de l'Agriculture et du

Commerce, le Gouvernement de la République s'est, à juste titre, moins préoccupé du rendement des forêts que du rôle très important qu'elles sont appelées à jouer, tant au point de vue climatérique qu'au point de vue de la richesse générale.

A une autre époque, Colbert disait :

« La France périra faute de bois. »

Ne pourrait-on pas dire, avec plus de raison, en parlant de l'Algérie, que —

La vie et l'avenir de ce pays sont intimement liés à son boisement.

APPENDICE

PROGRAMME SOMMAIRE

DU CONCOURS DE LA LIGUE DU REBOISEMENT

DES CAUSES DU DÉBOISEMENT

Les causes du déboisement variant suivant les régions, voici les principales, sur lesquelles les auteurs des mémoires auront à insister:

1° Les guerres anciennes, la conquête et les insurrections actuelles ;

2° Les incendies, suivis de labours ou de pâturages ;

3° La propriété indigène non constituée (territoire arabe proprement dit), ou cette même propriété établie, mais non régie par des lois sur le défrichement (la grande Kabylie, par exemple)

4° Le pacage des troupeaux des indigènes et des troupeaux de chèvres;

5° L'industrie des cannes et celle des écorces à tan; le résinage indigène;

6° Le refoulement sur les montagnes des indigènes qui, pour cultiver, détruisent arbres, arbustes et broussailles;

7° Le défrichement par les colons Européens, sans condition de reboiser ou de conserver certains bois concédés;

8° Les usages indigènes: « destruction des jeunes peuplements pour l'exploitation des perches nécessaires à la construction des gourbis; transformation des bois en broussailles;

9° La nature des terrains. En France, les terrains les plus fertiles sont les plus boisés. En Algérie, on a d'autant plus défriché que les terrains étaient plus fertiles; différence qui provient des modes de culture: intensive en France, extensive en Algérie; (1)

10° Insuffisance numérique du Service Forestier.

Si les concurrents ont *d'autres causes* à signaler ils auront à les formuler.

Les preuves à l'appui devront évidemment s'appuyer sur des données, des faits indiscutables. Ne pas craindre de fournir des renseignements aussi nombreux, aussi précis que possible.

(1) Ce paragraphe qui n'a pas été traité dans le cours de l'Etude fait l'objet de l'appendice.

Cette étude ne pouvant s'étendre à toute l'Algérie, nous laissons à chacun le choix d'une région déterminée.

Après avoir bien spécifié les causes du déboisement, les candidats devront démontrer, dans la région choisie par eux, l'influence de ce déboisement :

1° Sur la météorologie de la région ;

2° Sur le débit des sources et cours d'eau ;

3° Sur la transformation du sol;

4° Sur la culture et les pâturages;

5° Sur l'habitabilité des Indigènes et des Européens, etc., etc.

Signé : Dr TROLARD.

APPENDICE

Paragraphe 9 du Programme.

« La nature des terrains en France.— En France, les terrains les plus fertiles, sont les plus boisés.— En Algérie, on a d'autant plus déboisé, que les terrains étaient plus fertiles.— Différence qui provient du mode de culture, intensive en France, extensive en Algérie »

La nécessité a fait, il est vrai, une loi de ces deux modes de culture.

Ne serait-il pas plus rationnel de dire, en se plaçant à un point de vue général, que ***la fertilité d'une Région est en raison directe de son boisement ?***

On a fait en Algérie, depuis 50 ans, ce qu'on a fait en France, pendant les quelques siècles qui nous séparent des invasions barbares.— Aujourd'hui encore, dans la Sologne, en Poitou comme en

Bretagne, on peut constater de nombreux défrichements en proprieté particulière, où la fougère, les ajoncs et la bruyère, au point de vue du maintien des terres sur les coteaux, jouaient le même rôle que les maigres broussailles qui protègent les flancs des montagnes en Algérie.

Pourquoi donc s'étonner de voir, dans ce pays, suivre des errements identiques, alors que l'Administration forestière, en raison des exigences politiques et de son insuffisance numérique, n'y a rempli, jusqu'à ce jour, qu'un rôle presque passif ? —

En France, l'agglomération de la population, le morcellement et la grande valeur de la propriété, commandent la culture ***intensive***.

De là la diversité et la quantité des fumures, pour restituer au sol les éléments que lui enlève chaque année la variété de ses productions.

En Algérie, au contraire, où l'on ne cultive presque exclusivement que l'orge et le blé, la dissémination de la population, l'étendue de la propriété, le peu de valeur de la terre, le manque d'engrais surtout, nécessitent la culture ***extensive***.

D'où le défrichement des broussailles dans les parties les plus riches, pour laisser aux anciennes terres épuisées, le temps de se reconstituer.

Mais qu'on soumette les parties nouvellement défrichées, au même régime que les précédentes, l'on constatera, au bout de deux ou trois ans à peine, le même épuisement, la nécessité presque de continuer l'œuvre du déboisement. — Car on peut affirmer que la fertilité d'une couche terrestre est en raison directe de sa ***puissance***.

Or en forêt, la base minéralogique apparaît souvent à la surface du sol.

Que faut-il en conclure ?

Qu'en Algérie, la Ligue du reboisement, si elle veut justifier son nom, atteindre son but, doit pousser le colon à la culture ***intensive*** comme en France.

Mais pour cela, il faut des engrais. Sans parler déjà des engrais artificiels, c'est le bétail qui doit les fournir.

Loin de résoudre le problême, nous semblons le compliquer ; car la condition d'existence du bétail est subordonnée au pâturage.

Et en Algérie, les prairies font complètement défaut.—

Pourquoi ?

Parceque, pendant 8 mois de l'année, nous subissons une température exceptionnelle qui, non seulement dessèche la plaine, mais tarit encore les sources.

La France, au contraire, grâce au manteau de neige et de glace qui recouvre la presque totalité de sa surface, pendant trois mois de l'année, grâce aussi à son système orographique, à sa situation géographique (entourée de trois mers), au rôle influent qu'y jouent les forêts, est placée dans de bien meilleures conditions.

Même pendant les fortes chaleurs de l'été, le sol, en raison de la dose d'humidité qu'il a emmagasinée, permet presque toujours et partout, de nourrir les bestiaux et de les engraisser.

En Algérie, au contraire, pour ne pas les laisser mourir de faim, à la même époque, on ouvre, au parcours, les parties boisées.

Nouvelle cause de déboisement, contre laquelle il faut réagir en essayant de transformer le climat, en opérant aussi des sondages pour chercher les nappes, en disséminant, dans une même région et sur des talwegs différents, des barrages destinés à emmaganiser les eaux provenant des pluies torrentielles.

C'est ainsi que l'Administration doit prêter son concours à la ligue du reboisement pour lui faciliter l'accomplissement de sa tâche :

En attendant que la Mer Intérieure du Commandant Roudaire vienne baigner les murs de Mraïer, transformer la climature de cette région, et imposer silence aux incrédules et aux pessimites qui, en tournant les yeux vers le royaume de Jérusalem, la principauté d'Edesse, le comté de Tripoli etc. (dont il ne reste plus trace aujourd'hui), prétendent que nous nous épuisons tous en vains efforts et que nos établissements en Algérie doivent avoir le même sort, parceque le Français n'est pas fait pour vivre dans ce climat.

Remarque :

Nous étant placé à un point de vue général, nous renverrons aux ouvrages qui traitent des phénomènes, relatifs aux dernières questions du programme.

En ce qui concerne le dernier paragraphe, ***(Habitabilité des Indigènes et des Européens etc.)*** il a été ébauché dans l'Étude, à l'article Extension de la colonisation, et semble devoir trouver, au double point de vue de la défense et de la salubrité, sa véritable solution dans la création de villages forestiers.

www.ingramcontent.com/pod-product-compliance
Lightning Source LLC
LaVergne TN
LVHW012115170826
845678LV00001BA/475

* 9 7 8 2 3 2 9 6 9 0 9 7 1 *